Discovery of Animal Kingdom
昕霸王龙讲故事

[英] 史蒂夫·帕克 / 著　　[英] 彼特·大卫·斯科特 / 绘

孙金红 / 译

长江出版传媒 | 长江少年儿童出版社

霸王龙的神秘生活从这里开始……

我是一只令人害怕的霸王龙。

我生活在世界上最酷的地方，

那里有我的亲人和朋友，

还有无数的奇异生物。

他们不仅长相奇特、与众不同，

还各有各的逃生本领和猎食武器，

惹上他们，可是非常难缠的。

当然，为了保住地球霸主的地位，

我也练就了一身本领……

是不是非常好奇我的生活故事？

只要你足够勇敢，

那就快来走进我的时代。

我 ♡ 吃副栉龙。

目 录

小时候的我

少年时期！

幼年时期	4
一起去探险吧！	6
家族聚会	8
好奇的小伙伴	10
好棒的一天！	12
捕猎线索	14
第一只大型猎物	16
天空中的影子	18
定期旅行	20
困难时期	22
洪水泛滥	24
奇怪的景象	26
好冷啊！	28
大家眼里的我	30
动物小辞典	31

幼年时期

我是如何破壳而出的?

今天早上,我看见一窝蛋孵化了,应该有四只恐龙宝宝出生了。我记得蛋壳里面又黑又挤,从蛋壳里出来之后,我马上就伸了个大懒腰,慢慢地适应刺眼的亮光。

这是一些蛋壳碎片。

霸王龙

分类：兽脚龙

成年体长：平均 11.3 米

成年身高：平均 4 米

成年体重：平均 7.56 吨

栖息地：树林、森林、灌木丛

食物：其他动物，包括大型恐龙。

特征：头部和下颚巨大，齿长，爪长，前肢细。

我好饿啊，要把这只蜻蜓抓来吃掉。虽然它还不够填饱我的肚子，但这有利于我练习捕猎。

一起去探险吧！

尖尖的松针好难吃！

　　我一天天地变得高大强壮，也开始熟悉我生活的环境了。这里有三座山、长河、湖泊，还有辽阔的森林和一望无际的大海。大多数时候我都独自活动，没有跟我的家人在一起。我已经学会了悄无声息地潜行、停顿、听辨和嗅异味。

　　对我来说，蜻蜓太小了——他们给我带来的热量还不够补充我追逐他们所消耗的体力呢！对于一个肉食动物来说，这些常识是很重要的。

蜻蜓体积最大的部分就是他那硬邦邦的翅膀，而翅膀没有营养。

蜥蜴最可口的部位是他四肢上面的肌肉。

　　每一天，我的捕猎技能都在进步。我可以追捕和品尝的动物有好多！我曾经抓住了一只蜥蜴。不过，我被它咬了一口。最后，还是我赢了。他的肉很好吃，但是两天之后，我又饿了。

昨天我去了海边。我有点口渴，喝了一口那里的水，真的好难喝！我休息了一下，看到两只黄昏鸟在捕鱼。

黄昏鸟的牙齿细小，但咬合力很好。

瘦弱的、不常用的翅膀，有点像我的"胳膊"。

我发现树枝上有个蜂窝，但是不能走近看。蜜蜂"嗡嗡嗡"地飞来飞去，他们不能穿透我的鳞片和皮肤，叮咬不到我。但是，一只蜜蜂叮了我的舌头。啊，好痛！

家族聚会

每隔几天，我就要去一块空地参加家族聚会，我的家人和其他霸王龙都会聚在那里交换重要的信息。当然，我们也会谈到食物，比如附近的食草动物。我们还会听到一些关于灾难的消息，比如火灾和水灾。我在旁边仔细地观察和倾听，学习如何更好地使用我们霸王龙的感官系统。

我们有非常灵敏的嗅觉。

和其他恐龙一样，我们的手上和脚上都有爪子。

奔跑的时候，尾巴可以帮助头部和身体保持平衡。太棒了！

想要看清楚东西，我们得把眼睛靠近一点。

饱餐了一只死掉的长颈龙之后，我们就开始休息了。我知道我身上每个部位的用途。

看看成年霸王龙那巨大的牙齿吧！最长可以达到23厘米！这是恐龙中最长的牙齿，而且非常坚固，可以将猎物撕碎、咬烂。

老了的和坏了的牙齿会脱落，然后长出新的牙齿。

嘿，我可以用手捡起长颈龙的骨头哦！

我的愿望清单

1.明天就长大。
2.独自吃掉一整只大大的长颈龙。
3.有更长的上肢。

我已经等不及了，想要快点长大。20年对我来说太久了。跟别的动物不一样，我们恐龙吃得越多，就长得越快，所以我总是很饿。

好奇的小伙伴

昨天我遇到了一个奇怪的动物，名字叫作阿尔法。我当时并没有去追她，因为我已经吃饱了。而且她动作很快，我也追不上。她一下子就爬到了树上，而我坐在树底下，和她聊了聊天，谈了谈各自的生活。

阿尔法几乎吃所有的东西——甚至是花！

阿尔法有一身又软又长的毛帮她保暖，多好啊！

阿法齿负鼠

分类：有袋类哺乳动物

成年体长：可能长达 30 厘米

栖息地：林地

食物：昆虫、蠕虫、甲壳虫、坚果、浆果、种子

特征：皮毛用于保暖，带爪子的脚方便爬树。

阿尔法好活跃啊！即使在最冷的天，她的身体也是暖暖的，她可以到处跑。有阳光的日子，我可以奔跑；天太冷了，我的肌肉就不听使唤了，我就必须躺下来休息。

阿尔法比我可爱多了！我的皮肤那么粗糙，还带有鳞片。阿尔法的皮肤上面覆盖着细细软软的毛，她说那是皮毛。皮毛虽然不能保护她不被咬伤、刮伤，但可以保暖。

我可以靠我强壮的后腿轻松地站立。

阿尔法好像一直在吃个不停！

阿尔法整夜都没有合眼！天黑了，她也看得见，还可以四处跑、进食。我不行，而且我太冷了。哈欠——明天再讲故事吧，我先睡了。

好棒的一天！

今天太太太惊险啦！我的家族成员闻到了三角龙的味道，我们悄悄地跟在他们后面。但就在我们准备发起进攻时，他们发现了，并转头向我们冲了过来。太可怕了！三角龙几乎和成年霸王龙一样大。我差点被他们踩死，太险了！

这是我画的大战图。我画得越来越好了！

三角龙

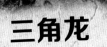

分类：角龙

成年体长：7.9 至 10 米

成年身高：3 米

成年体重：6.1 至 12 吨

栖息地：灌木林、树林

食物：矮株植物，如蕨类和苏铁类植物。

特征：长长的喙状鼻子、眼睛上方的角和很大的头盾。

我的战利品——三角龙的一个角，断在树上了。现在，他是只两角龙了，哈哈！

三角龙找到鲜嫩的植物时，往往已经很饿了，根本不会注意到我们。但是这时候风向变了。

风把我们的气味传到了他们的鼻子里，他们马上就转过身，低下头和角，惊慌失措地朝我们奔来！

三角龙又刺又戳，我们四处逃散。后来我们集中到空地上，有几只霸王龙受伤了。

捕猎线索

年幼的时候，我以为对一只霸王龙来说，找食物是最简单的事了。现在我才知道，那不仅得花时间，还要有技巧才行。我必须利用各种线索跟踪猎物，有时要花上好几个小时。即使这样，线索还是可能会消失，猎物还是能逃走。挨饿的滋味可真难受啊！

很久以前排出的便便，现在可能像石头一样硬。它们被叫作粪化石，没有任何味道，对我一点用处都没有。

新鲜的便便可好了！我闻一闻就知道是谁的。

上面有脚印的软泥，最终变成了坚硬的岩石。

脚印能帮上大忙。通过它们的形状和大小，我能判断出它们的主人是谁。我也会闻一闻脚印，看看那些动物是刚离开还是离开很久了。

从刮擦痕迹的大小和高度来判断，这是角龙干的。

要记住的事情

1. 要常看、常听、常闻。

2. 跟踪幼小、衰老或者生病的动物，其他的会反抗。

3. 待在下风处（有次我忘了，差点死掉）。

食草动物会留下进食的痕迹，如断裂的树干和咬过的叶子等。有时，他们的角和爪会刮擦到树干和石头；有时，他们会留下尿液、粪便的味道。每一次捕猎，我都会学到新东西，我的捕猎技能也随之提高。

像这样的咬痕，是长颈龙的。

哇！这块岩石上的臭烘烘的尿迹，是鸭嘴龙的。

15

第一只大型猎物

今天太壮观了！这是我第一次独自抓到大型猎物。她是只年幼的副栉龙。我花了半天的时间才跟踪到她。攻击她时，我心里也跟她一样害怕。

我哥哥也袭击了一头副栉龙——他捕到的那头更大。

副栉龙

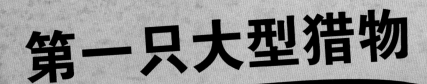

分类：鸭嘴龙

成年体长：9.5 米

成年体重：重达 2.5 吨

栖息地：树林、灌木丛、沼泽地

食物：植物，甚至是坚韧的树叶和种子。

特征：喙状颌内无牙齿，头上有尖状冠饰。

我跟着这只副栉龙翻了三座山，还穿过了大森林。我看得出她累了。就在她想要走出森林到空地上去的时候，我突然发起攻击！

我的断牙，有20厘米长呢！

副栉龙的反抗非常激烈。她用尾巴抽我，还踢我。她想用脑袋前面鸟喙一样的嘴咬我。但是我用了新战术：我先跳到她面前，狠狠地咬她一口，再赶紧跑开。

我现在已经具备了杀伤力最大的咬劲，比鳄鱼还要厉害。

我新长出来的牙齿真的很坚固——只断了一颗。

副栉龙伤得很重，大量失血，很快就没力气了。这时，我只用凑上前去给她最后一击。现在，我有好多肉可以吃了——够吃几个礼拜了，真香！

天空中的影子

如果我能飞就好了！可是没有会飞的恐龙。我在外面探险时，常看到有什么东西从头顶俯冲下来。其中主要有两种。一种有羽毛，属于鸟类，比如黄昏鸟和鱼鸟。

风神翼龙不用拍打翅膀就能起飞。

这是风神翼龙，他正在啄食一具尸体上的肉。

风神翼龙

分类：翼龙

成年翼展：长达 12 米

成年体重：重达 160 千克

栖息地：平原、灌木丛

食物：小型动物、腐肉

特征：喙状颌内无牙齿，有巨翼和长腿。

另一种会飞的动物翅膀上的皮肤弹性非常好。我认识的最大的飞行动物就是风神翼龙。他的翅膀差不多和我一样长了！捕猎小型动物时，风神翼龙可以用他带爪的脚奔跑，或者张开翅膀起飞。他可以飞得很高，真是太酷了！

鱼鸟

分类：鸟类

成年身高：20 至 100 厘米

栖息地：海岸、海面

食物：鱼类、蟹类、其他小型海洋动物

特征：喙部有齿，翅膀有力。

鱼鸟从天空中俯冲到水里，抓奇怪的有鳞动物，应该是鱼吧。他们还经常咯咯地大声叫，跟我们恐龙的嘶嘶声和吼声大不一样。

嘴部中间细细的牙齿可以帮他们衔住滑溜溜的鱼。

冲到水下抓了鱼之后，她会把自己的羽毛弄干。

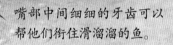

我今天做过的事

1. 风神翼龙正在吃腐肉，我过去把剩下的扫了个精光。

2. 淌过了大湖区。

3. 尝了尝鱼的味道，真恶心，太咸了。

定期旅行

每年到了一定时候，我们都要去恐龙群巢区，在那里大肆捕猎，因为这时候他们都在那里产蛋、照顾小恐龙。到那里要走很长的路，但是很值得去。因为进食一次，就可以几个星期不用再进食了。

我从空地那里出发。

高高的火山冒着烟，发出巨大的声响，地面都跟着震动。

有吃的啦——如果这些死恐龙身上还有肉的话！

我一路小跑穿过大森林、三座山和那条大河，在大河边上稍做休息，顺便喝口水。我以前跟着其他霸王龙来过这里，已经认得路了。

这是一只刚孵化出来的恐龙宝宝，她已经被那座高高的火山喷出来的火山灰给烫死了。

与其他恐龙不同，慈母龙妈妈们产蛋后，会照顾新生宝宝。慈母龙外出进食时，还会给新生宝宝带些植物回来。我们乘机吃光她们的恐龙蛋和恐龙宝宝，有时也会吃恐龙妈妈。

要从这个石头桥上过去有点难，下面是悬崖。

新生宝宝住在用泥和石头筑成的巢里。

我要待在远离这个瀑布的地方。

慈母龙

分类：鸭嘴龙

成年体长：6 至 9 米

成年体重：约 2 吨

栖息地：灌木丛、树丛、树林、沼泽

食物：树叶、浆果和种子

特征：在巢穴照顾和喂养小幼龙

困难时期

干旱已经持续了六个月，大量的恐龙死去。

我可以咬碎小点的骨头。

小池塘已经缩小了很多，也许下个星期就会干涸了。

　　很大一片区域都受到了这次干旱的影响，从高高的火山一直延伸到无边的大海，现在看起来这种状况还会继续。气象员预计至少一个多月以内都不会下雨。大森林里的树叶已经掉光了，很多地面植物也死了。这就意味着食草动物的食物不足了。昨天，一只长颈龙说："我们族群从来没有见过这种景象。族长已经80岁了，他印象中没有干旱这么久过。有一些年幼和年长的长颈龙都已经饿死、渴死了。"副栉龙的情况也很严重，连他们吃的硬邦邦的松针都已经快没有了。

　　然而，这并非对所有动物来说都是坏事。因为食草动物死亡之后，捕猎者比如霸王龙会以腐尸为食，然后长得又大又肥。霸王龙家族的发言龙说："很抱歉有一部分动物要挨饿、受渴，但这就是生活——或者说是，死亡。"

这场干旱让我们霸王龙团结起来。外面有很多尸体，我们不需要再拼命捕猎来获取食物，也无须独霸猎物不让其他霸王龙靠近，到处都有肉。我们每天的活动就是吃饭、睡觉和聊天。

巨 鳄

分类：鳄鱼

成年体长：约 11 米

成年体重：约 8 吨

栖息地：河流、湖泊、沼泽、河口

食物：恐龙、鱼、鸟、龟

特征：圆滑的后齿可以咬碎猎物，巨大的尾巴用于游泳。

我们很快将尸体撕成碎片。

巨鳄把沧龙拖进深水中吃掉。

我以为自己的牙齿非常强大了，但是巨鳄比我还要厉害。他可以撕碎更粗糙的皮，嚼碎更坚硬的骨头。他抓住了一头搁浅在浅滩上的沧龙。沧龙可以游泳但是不能爬行，而巨鳄两样都做得到！

23

洪水泛滥

干旱终于结束了。来了一场很大的暴风雨，大河里的水都漫出来了。洪水来得太快，有些动物根本来不及逃，就被淹死了。太好了，我的盘中餐！我先躲到高地上去，等水退了再回来。

前几天，我和一只小埃德蒙顿龙成了好朋友。后来我发现成年霸王龙会捕食埃德蒙顿龙。但我是不会吃好朋友的！

24

似鸵龙可以轻松地从洪水中逃脱。任何赛跑她都能赢，她是我知道的跑得最快的动物了。她没有牙齿，但是喙非常有力。她几乎所有的食物都吃，从树叶、种子到昆虫、腐肉。

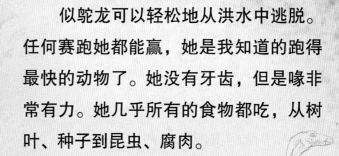

我通常无视似鸵龙，她太快了，我抓不住，而且她身上也没有太多的肉。

埃德蒙顿龙

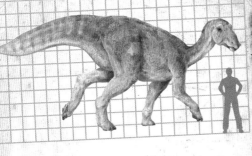

分类：鸭嘴龙

成年体长：可达 13 米

成年体重：重达 4 吨

栖息地：森林和沼泽

食物：植物，包括硬枝和针叶。

特征：很多宽而平的牙齿用于咀嚼，尾巴又宽又重。

似鸵龙

分类：兽脚类恐龙

成年体长：4.5 米

成年身高：1.4 米

成年体重：150 千克

栖息地：灌木丛、树丛、平原

食物：植物、昆虫、蜥蜴

特征：修长有力的双腿能快速奔跑，喙状嘴。

奇怪的景象

今天天上出现了两个太阳！新出现的那个又大又亮，而且越来越大，整整一天一夜都挂在空中。我感觉它可能会掉到地球上，会不会有什么灾难呢？

剑角龙的牙齿很小，可以用来嚼嫩草。

剑角龙的角质头盖骨很坚硬。

剑角龙根本不理会多出来的那个太阳，他们都忙着打架呢！我不知道他们为什么要相互喷鼻、踩踏、用头顶对方，也许是为了争当首领吧！

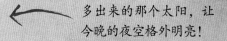
多出来的那个太阳，让
今晚的夜空格外明亮！

我又抬头看了看天上那个新太
阳，现在它离地球更近了。以前的那
个太阳快下山了，新太阳却变得越来
越亮。太奇怪了！

剑角龙打架的时候会
相互撞击对方的侧面。

剑角龙

分类：肿头龙

成年体长：2.5 米

成年身高：1 米

成年体重：53 千克

栖息地：树林、灌木丛、沿海地区

食物：鲜嫩的植物

特征：厚厚的头盖骨像安全头盔似的。

我不理会忙着打架的剑角龙，我
知道他们不怕霸王龙。如果我想要抓捕
他们，他们也会用头顶我！他们会低下
非常坚硬的脑袋，快速奔跑，然后猛撞
我的腿。很痛很痛的！

27

好冷啊！

我越来越冷。那个多出来的太阳下山时发生了剧烈的碰撞，整个大地都在颤抖。后来，原来的太阳也被尘雾遮住了。

植物都枯萎了，食草动物都在挨饿。可以让我们捕食的食草动物越来越少，很快我们也要挨饿了。

有灾难时似鸵龙会很快逃走，但是现在没有地方可去了。

很快，三角龙就没有植物可以吃了，冷得也没办法动了。

不知道为什么，画里的这些小动物挺过了黑暗和寒冷。他们大部分都比我小，或者生活在水里。

蛇身体细长，可以藏在洞里睡上几个月。

鳄鱼还有很多东西可以吃——鱼都活着呢！

蜥蜴不止吃肉类和植物，几乎所有东西都能吃。

哺乳动物的身体一直是温暖的，他们可以一直寻找食物。

鸟类有羽毛保暖，而且危险来临的时候可以飞走。

有些动物活下来了，比如阿法齿负鼠、鸟类和昆虫。但是，所有的恐龙都奄奄一息了。我也得躺下来休息一下了……

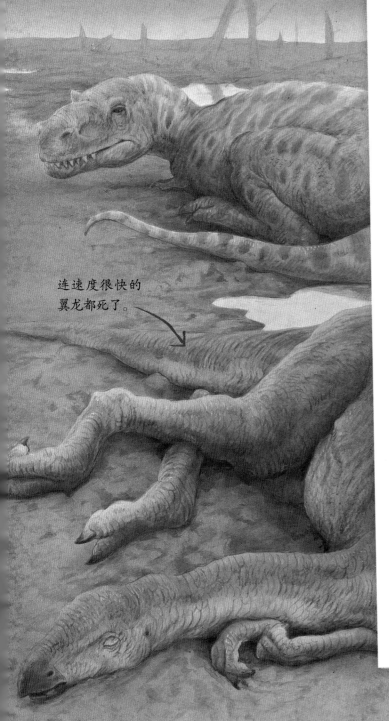

连速度很快的翼龙都死了。

活着的恐龙！

大约6500万年前，一颗巨大的陨石或流星撞击了地球。卷起的尘土遮住了太阳，促使火山喷发，并引发了地震和巨浪。很长时间以来，科学家们认为恐龙、空中的翼龙、水中的沧龙和其他水中的爬行动物，还有很多很多其他动物都灭绝了。

左图：鹦鹉只是上万种现有的鸟类之一。

右图：海鸥与恐龙时代鱼鸟的习性差不多。

但是，现在似乎可以确定，一些小型的肉食恐龙在进化过程中长出了羽毛而不是鳞片，前肢进化为翅膀，这就是鸟类的由来。但这并不表示鸟类不再属于恐龙类。现代科学认为鸟类也属于恐龙家族。所以并不是所有的恐龙都灭绝了。有些恐龙存活至今——比如鸟类。

大家眼里的我

前面的故事里，我已经向大家讲了那么多我遇到的动物，现在来看看，这些动物他们眼里的我吧！

鱼鸟

> 就像风神翼龙说的，能飞真的太棒了。但是我要花好几个小时清理羽毛。霸王龙就只要偶尔抓抓鳞就好了。

阿法齿负鼠

> 想象一下冷到动不了是什么滋味！就是说你不用吃很多食物，你也不需要它给你热量。但是我宁愿吃多点、暖和点。

> 把霸王龙吓跑很简单，我只要晃动头上的角就行了，而且我们的颈饰也很吓人，我们只要和同类待在一起就很安全。

> 霸王龙不会飞，只能走和跑，真可惜。这三种方式我都能做到！我要是有霸王龙那种又长又尖的牙齿就好了，但是这种牙齿对飞行动物来说太重了。

风神翼龙

三角龙

慈母龙

> 我从来不怕霸王龙，因为我很容易就跑开了。霸王龙的腿确实很强壮，但是太短了跑不快。

> 霸王龙老是来偷我们的宝宝，我们做了很多努力，在领地中间做了巢。这样总比在领地边缘要安全一点。

似鸵龙

动物小辞典

恐龙时代：约2亿2000万年到6500万年前，当时恐龙是主要的大型陆地动物。

鸭嘴龙：嘴巴前端呈喙状，有很多咀嚼牙，还有强壮的前腿、有力的后腿和健壮的尾巴。

剑角龙：头盖骨很厚，牙齿小，前腿短小，后腿较强壮，尾巴长度适中。

冷血动物：不能让自己身体内部保持温暖的动物，体温通常与环境温度相同。

粪化石：兽粪（一坨粪便）被沙或软泥等物质覆盖后慢慢变成岩石，像化石一样。

干旱：长时间，几个月甚至几年，没有雨水或其他形式的水。

食草恐龙：以植物为食的恐龙，包括长颈龙、副栉龙和三角龙。

黄昏鸟：一种大型的、不能飞翔的鸟类，恐龙时代生活在现在的北美地区。

长颈龙：脑袋小，脖子非常长，体型宽大，四只健壮，尾巴非常长。

陨石：从太空中冲过来撞到地球的大石头。

沧龙：一种生活在海里的爬行动物，牙齿又尖又长、四肢形状如脚蹼。

霸王龙家族：一个小型的霸王龙族群，有时会一起捕猎。

群巢区：指一群动物聚集在一起进行繁殖的区域，它们一起筑巢、产蛋。

猎物：被其他动物、捕猎者或食肉动物抓住、吃掉的动物。

翼龙：一种会飞的爬行动物，前肢形状如翅膀，翅膀上的皮肤非常薄，由很长的手指似的骨头支撑。

爬行动物：一般是指有内部骨架的冷血动物。大部分爬行动物呼吸空气，有鳞片，蛋生，有四肢。少数种类除外，比如蛇。

三角龙：头上有尖锐的角、宽宽的颈饰，身体宽大，四肢和尾巴较短。

剑角龙

> 我喜欢我头顶上厚厚的角质头盖骨，这样我就可以用头去顶任何动物了——族群里的竞争者，甚至是像霸王龙那样的捕猎者。

图书在版编目(CIP)数据

听霸王龙讲故事/（英）帕克著；（英）斯科特绘；孙金红译. —武汉：长江少年儿童出版社，2014.5
（动物王国大探秘）
书名原文：T Rex
ISBN 978-7-5560-0202-3

Ⅰ.①听… Ⅱ.①帕… ②斯… ③孙… Ⅲ.①恐龙—儿童读物 Ⅳ.①Q915.864-49

中国版本图书馆CIP数据核字（2014）第009865号
著作权合同登记号：图字17-2013-263

听霸王龙讲故事

［英］史蒂夫·帕克/著　　　［英］彼特·大卫·斯科特/绘　　孙金红/译
责任编辑/罗　萍　叶　朋　黄　刚
装帧设计/叶乾乾　　美术编辑/郭　盼
出版发行/长江少年儿童出版社
经销/全国新华书店
印刷/鹤山雅图仕印刷有限公司
开本/889×1194　1/12　3印张
版次/2021年1月第1版第15次印刷
书号/ISBN 978-7-5560-0202-3
定价/22.00元

Animal Diaries: Tyrannosaurus rex

By Steve Parker
Editor Carey Scott
Illustrator Peter David Scott/The Art Agency
Designer Dave Ball

策划/海豚传媒股份有限公司
网址/www.dolphinmedia.cn　邮箱/dolphinmedia@vip.163.com
阅读咨询热线/027-87391723　销售热线/027-87396822
海豚传媒常年法律顾问/湖北珞珈律师事务所　王清　027-68754966-227